Moyens pour
découvrir les
falsifications
de
l'Huile d'Olive

T 52
C
8

MOYENS

POUR DÉCOUVRIR LES FALSIFICATIONS

DE L'HUILE D'OLIVE;

DISTINGUER CELLES QUI SONT MÉLANGÉES AVEC LES HUILES DE GRAINES D'ŒILLETTE, DE NAVETTE, DE FAÎNE ET AUTRES;

APPRÉCIER LA QUANTITÉ DE CES DERNIÈRES,

même un cinquantième,

1° Par des Procédés Physiques,
2° Par les Réactifs Chimiques,
3° Par l'Électricité Galvanique.

———

P. P. C. G.

———

Une goutte d'Huile d'OEillette, de Navette, de Faîne ou autres, mêlée à 49 d'Huile d'Olive, se manifeste clairement.

PARIS.

CHEZ GODARD, RUE DE LAPPE, N° 4.

1831

MOYENS

POUR DÉCOUVRIR LES FALSIFICATIONS

DE L'HUILE D'OLIVE.

DES CAUSES DE LA DIFFÉRENCE DE QUALITÉ

DES HUILES D'OLIVES PURES.

L'Huile d'olive s'obtient en soumettant à la presse la partie charnue du drupe de l'olivier, *olea europæa*, de la *diandrie monogynie*, L., *jasminées*, J.

La différence dans l'espèce d'olive en apporte nécessairement dans l'huile qui en provient; mais les circonstances qui accompagnent la préparation en établissent encore : si l'olive n'est pas bien mûre, l'huile est amère ; si elle l'est trop, l'huile est pâteuse. Le mode d'extraction et les soins qui l'accompagnent n'influent pas moins sur la qualité : souvent les moulins à l'huile ne sont point tenus assez proprement ; les meules et les outils sont imprégnés d'une huile rance qui ne peut que donner du goût à la nouvelle. Dans quelques pays, en Espagne, où l'ignorance et la routine repoussent toute amélioration, on est dans l'usage d'entasser les olives, et de les laisser ainsi fermenter pendant quelques mois avant d'en retirer l'huile : alors celle qui en provient est mauvaise; elle a un goût fort, très-désagréable. Delà des différences.

Caractère des meilleures qualités d'Huile d'olive.

Celle destinée aux alimens de l'homme résulte de la première extraction, opérée à froid, d'olives mûres, cueillies, et porte le nom d'*huile vierge*. Par cette méthode la quantité obtenue est moins considérable, mais elle est alors excellente : sa couleur est le jaune pâle inclinant au vert, sa saveur très-douce; elle est quelquefois inodore. Celle qui provient des olives noires ou bien mûres de l'espèce connue sous le nom de *Picholine*, laquelle est très-abondante dans les Pyrénées, est d'un jaune bleuâtre ; sa saveur est douce et agréable, elle a une légère odeur qui la rend délectable. Celles qui nous viennent des départemens de l'Aude, de l'Hérault et des Pyrénées-Orientales, sont susceptibles de rivaliser avec les meilleures de Gênes et d'Aix. On peut dire cependant que l'huile la plus fine et la plus estimée se recueille aux environs de Grasse et de Nice ; mais elle est sujette au *coulage*, et lorsqu'elle est très-fine elle s'engraisse en absorbant de l'oxigène, et se gâte par une trop longue garde. On préviendrait cet inconvénient en la conservant dans des vases toujours pleins. En général, les bonnes qualités d'huiles d'olives sont onctueuses au toucher, du poids spécifique de 912 à 914 grammes au litre ; elles sont insolubles dans l'eau, très-peu solubles dans l'alcool et l'éther ; elles bouillent à 325 centigrades, et se congèlent à 3° au-dessus de zéro. L'huile d'olive est très-difficilement perméable au fluide électrique.

L'huile dite d'*enfer* est extraite des marcs de la première, par l'intermède de l'eau bouillante ; elle résulte aussi d'olives tombées avant leur maturité et réservées à cet effet. On la destine à la fabrication du savon. Elle est moins douce que la précédente, plus colorée, plus fluide, et ne se congèle qu'à zéro. Elle a souvent un goût désagréable. Comme cette huile se trouve à un prix bien inférieur à celle de la première extraction, les commerçans les mêlent souvent, alors les nuances de qualités sont relatives aux quantités du mélange. Delà de nombreuses qualités dans les huiles d'olives pures. Mais si le choix de cette substance demande un palais et un odorat très-exercés, que sera-ce donc pour les huiles d'olives que l'astuce et la cupidité falsifient par des huiles de graines ? La complication est souvent telle que l'on ne peut choisir avantageusement sans emprunter les lumières de la science. C'est pour cela que je vais exposer les moyens qu'il faut employer en pareil cas.

Des falsifications de l'Huile d'olive.

Celles de la Provence et du Languedoc sont souvent falsifiées dans le pays même, quelquefois en y mêlant de (*l'amurca*) en grande quantité, ou même quelquefois de la décoction de concombres sauvages qui s'unit avec l'huile, et ne peut en être séparée que très-difficilement. Dans le premier cas, l'huile est plus dense ; il faut la faire passer au travers d'un filtre de coton en laine, bien tassé, et de quatre pouces d'épais. Dans le second cas, lorsque l'on achète cette huile, on doit toujours laisser reposer les outres sur un chevalet, et examiner s'il en découle une eau mêlée d'impuretés.

La sophistication des huiles d'olives se fait encore 1° avec l'huile de navette ou semence de navets, *brassica napus* et *campestris* ; 2° avec l'huile de faîne ou de semence de hêtre, *fagus sylvatica* ; 3° et c'est le plus communément avec l'huile d'œillette ou de semence de pavot, *papaver somniferum*. Voici comme il faut procéder pour découvrir ces falsifications, et même les quantités du mélange.

Premier moyen. On emplit à moitié de l'huile suspecte une fiole à médecine, et on l'agite : si l'huile est pure, la surface, après l'agitation, reste unie ; si elle a été falsifiée par la décoction de concombres ou une huile de graines, une série de bulles reste à la surface et forme le chapelet.

Second moyen. On plonge dans la glace une fiole remplie de l'huile que l'on veut essayer ; or, comme il est évident que l'huile d'olive se congèle à 3° au-dessus de zéro, elle s'y fige d'autant plus complètement qu'elle est pure : celle qui est mélangée d'huile de graines reste en partie liquide ; un mélange de deux onces d'huile d'olive sur une once d'huile d'œillette, ne s'y fige pas du tout. Ces deux procédés sont moins exacts que ceux dont il est parlé ci-après.

————— •••—•••——

PROCÉDÉ

POUR RECONNAITRE LA FALSIFICATION DE L'HUILE D'OLIVE

PAR CELLES DE GRAINES.

Publié par M. POUTET, Pharmacien,

D'après le vœu de S. Exc. le Ministre de l'Intérieur.

Ce procédé est fondé sur la propriété qu'a le per-nitrate acidule de mercure de congeler et de solidifier, après quelques heures, l'huile d'olive, lorsqu'il a été mélangé avec cette substance ; tandis qu'il laisse liquides les huiles de graines, qu'il colore en jaune orange.

Préparation du per-nitrate acidule de mercure.

On le prépare en faisant dissoudre à froid six gros de mercure (vif-argent) dans sept gros et demi d'acide nitrique (eau-forte) à 38° de l'aréomètre Beaumé. La dissolution saline reste fluide par l'excès d'acide qui s'oppose à la cristallisation. On conserve ce réactif pour l'usage, dans une bouteille bouchée en verre.

Troisième moyen. On verse une petite quantité d'huile à essayer dans deux petites fioles, dont une doit servir de comparaison ; dans l'autre, on ajoute environ un huitième de la quantité de l'huile de la préparation ci-dessus, et on agite, à plusieurs reprises ; au bout de six heures, si l'huile est pure elle n'a pas changé de couleur ; si elle contient de l'huile de graines elle est devenue de couleur plus foncée.

Quatrième moyen. En mêlant huit grammes (deux gros) de per-nitrate acidule de mercure avec quatre-vingt douze grammes (trois onces) d'huile d'olive pure, si l'on agite fortement le mélange de dix minutes en dix minutes pendant deux heures, puis on laisse en repos, le lendemain tout est solidifié.

L'huile d'œillette traitée de la même manière conserve sa limpidité et devient d'une couleur rouge orange.

Dix-neuf parties d'huile d'olive mêlées avec une partie d'huile d'œillette se congèlent bien par ce réactif, après quelques heures ; mais la masse est beaucoup moins dure que celle obtenue avec l'huile d'olive pure : elle est d'ailleurs un peu plus colorée.

Un dixième d'huile de graines donne à la masse l'aspect de l'huile d'olive figée, ou du miel liquide ; au-delà, une portion de l'huile surnage, et on peut, au moyen d'un tube gradué, en estimer la quantité, même par centièmes. On doit remarquer que les huiles nouvelles, retenant toujours de l'eau de végétation, exigent qu'on emploie une quantité double de la dissolution mercurielle, parce que leur humidité affaiblit l'action du réactif.

La consistance que le per-nitrate acidule de mercure donne à l'huile pure ou mélangée étant un caractère peu précis, puisqu'elle peut varier facilement, il est nécessaire d'opérer toujours dans les mêmes circonstances. Ainsi la chaleur retarde la congélation et la rend moins abondante ; le froid, au contraire, la favorise. Il en est de même de l'agitation qui, multipliant les points de contact entre l'huile et le réactif, accélère leur action réciproque selon qu'elle est lente ou rapide. Il faut faire les essais dans des tubes gradués ; dans l'un, avoir de l'huile d'olive reconnue pure, et solidifiée par le nitrate, pour servir de comparaison; il faut agiter fortement l'huile à essayer avec le nitrate, de dix minutes en dix minutes, pendant deux heures; et, pour éviter l'influence de la chaleur si variable avec les saisons, il faut opérer dans les caves dont on sait que la température est constante pour chaque lieu dans tout le courant de l'année; ou bien, mettre les tubes dans de l'eau fraîche. Si l'huile d'olive est pure, elle se congèle dans trois ou quatre heures en hiver, et dans six à sept en été. Durant le temps de l'agitation, les stries qui se forment aux parois du tube se détachent par le mouvement de l'état de congélation analogue à celle du beurre mou; la matière passe le lendemain à l'état de concrétion. La masse concrète acquiert ensuite une couleur plus blanche qui se manifeste totalement dans les huiles de Canée, de Calabre et de Provence. C'est à ces caractères qu'on reconnaît les huiles d'olives pures.

Caractère de quelques falsifications. On s'assure que l'huile d'olive est mêlée avec celles de graines, lorsqu'une demi-heure après qu'on a commencé à secouer le tube, les stries qui se forment sur les parois restent attachés malgré l'agitation, et que le fluide est presque transparant; enfin lorsque, six à sept heures après son mélange avec le réactif, l'huile n'est pas congelée et que la congélation retardée est ensuite nulle ou partielle. Un quart, un tiers, une moitié d'huile surnagente se présente aux surfaces d'un corps grenu, opaque, en consistance de bouillie épaisse. Le mélange d'une partie d'huile de graines et de deux parties d'huile d'olive reste fluide et diaphane; les concrétions résiniformes occupent le fond du tube.

La couleur qui se manifeste dans les huiles mélangées est plus jaunâtre que celle de l'huile d'olive pure, après l'opération. La couleur est plus intense dans les mélanges d'huile de colza que dans ceux d'huile d'œillette; par la présence de l'une ou de l'autre de ces huiles de graines les mélanges se colorent davantage en jaune brunâtre, à mesure qu'on les conserve plus long-temps: parties égales d'huile d'olive et de colza prennent une couleur d'un brun jaune orangé.

Cinquième moyen. — DIAGOMÈTRE DE M. ROUSSEAU.

PROCÉDÉ SAVANT ET PRÉCIEUX

POUR DISTINGUER, DANS LES HUILES D'OLIVES, CELLES QUI SONT FALSIFIÉES PAR DES HUILES DE GRAINES, ET EN APPRÉCIER LA QUANTITÉ, MÊME $\frac{1}{50}$.

Le *Diagomètre* n'est autre chose qu'une pile électrique sèche et à très-faible tension, qui agit sur une aiguille aimantée, libre sur son pivot; laquelle étant électrisée par influence dévie rapidement d'une portion considérable d'un arc de cercle, lorsque l'on établit une communication entre l'un des pôles de la pile et un conducteur qui s'approche d'une des extrémités de l'aiguille: cet effet n'a pas lieu lorsqu'on interpose un corps non conducteur dans le conduit de la pile, et il a lieu plus ou moins lentement si le corps interposé est plus ou moins mauvais conducteur.

Avec cet appareil on a reconnu que, de toutes les huiles animales et végétales, celle d'olive est le plus imperméable au fluide électrique : on a trouvé qu'à travers l'huile d'olive pure, l'électricité agissait 675 fois moins sur l'aiguille qu'en traversant toutes les autres, et qu'une très-petite quantité de l'une de ces dernières suffisait pour rendre la communication plus considérable. Il suffit de verser, dans cent gouttes d'huile d'olive, deux gouttes de celle d'œillette ou de faîne, pour imprimer à l'aiguille une vitesse quadruple. Sous ce point de vue, le diagomètre est un instrument précieux pour reconnaître la sophistication de l'huile d'olive, et déterminer même la quantité d'huiles étrangères qu'on y a ajoutées. Il est d'une simplicité très-grande, et sa sensibilité, dans l'emploi cité, surpasse celle de tous les moyens chimiques. *Voir*, pour plus de détails, l'*Histoire abrégée des drogues simples*, tome II, page 291, et le *Journal de Pharmacie*, tome V, page 384, et tome IX, page 587. Le plan de cet ingénieux appareil se trouve dans la *Physique amusante*, par M. JULIA-FONTENELLE.

NOTIONS

PRATIQUES, CHIMIQUES ET MANUFACTURIÈRES.

Elevé, *par une longue expérience*, aux connaissances œnologiques, l'Auteur donne aux personnes qui en ont besoin des notions pour les arts ci-après :

Art du Distillateur. La fabrication de l'esprit de vin, des eaux-de-vie avec les grains en général, les betteraves ou leurs mélasses, les pommes de terre, les topinambours, les navets, les carottes, les châtaignes, tous les fruits sucrés. Il fait connaître un nouveau mode de fermentation, riche et accélérée, opérée en trente-six heures, sans l'emploi de levure de bière. Il explique les principaux phénomènes qui se manifestent dans l'œuvre des fermentations, et fait connaître ce que peut sur celles alcooliques l'influence de quelques corps; du Calorique de l'Azote, de l'Oxigène; de différens Gaz, de l'Électricité, résultat de ses expériences. *Connaissances indispensables pour diriger l'intime combinaison des corps employés dans la fabrication des vins factices, et l'excellence en cet art.* Il expose les principes de physique sur lesquels doivent être établis les appareils distillatoires, pour obtenir à la fois célérité, économie de combustible et amélioration de produits, lesquels principes, ignorés de presque tous les fabricans, les établissent sur d'autres tout-à-fait opposés. Il enseigne à rendre potables tous les esprits de vin qui ne résultent pas du raisin, par l'extraction totale des huiles essentielles (1) et empyreumatiques qui occasionnent leur mauvais goût; traite des alcools en général, et de tous les procédés relatifs à l'art d'en créer.

Œnologie. Il en offre autant sur l'art intéressant, très-délicat et encore dans l'enfance de fabriquer les vins factices, tant pour

---

(1) Les alcools dénaturés à l'Entrepôt de Paris, avec des quantités considérables d'essences fortes, n'ont point été traités par l'Auteur; cependant il n'est peut-être pas impossible de les en séparer.

leur confection, leur clarification et imitation, que pour la conservation de leurs couleurs, aromes, qualités mousseuses et autres.

Il fait connaître les causes des différentes maladies des vins de raisin, des cidres, et indique les moyens de les guérir. Par des réactifs chimiques il en décèle les falsifications.

ART DU VINAIGRIER. On ne peut mieux s'adresser, pour la fabrication des vinaigres avec toutes les substances fermentescibles; il a découvert un système d'oxigénation tout particulier, infiniment supérieur à tout ce qui a été publié sur cette partie. Il possède, en outre, un moyen *licite* pour donner au vinaigre une force apparente *convenable*, sans l'emploi d'acides minéraux, et meilleur que l'acide pyroligneux.

ART DU RAFFINEUR DE SUCRE. Il propose aussi de faire connaître les procédés simples, naturels, moins pénibles et bien moins coûteux que ceux suivis, qu'il a imaginés et exercés pendant un an à Paris, pour raffiner les sucres de cannes et de betteraves, à basse température, sans destruction de grain, ni addition de corps étrangers. — Faire sucre par lui-même.

SUCRE DE POMME DE TERRE. Il indique à en fabriquer avec ou sans acide, destiné à l'amélioration des vins verts, à la fabrication des vins factices, des bières, des cidres, des vinaigres, au sucrage des liqueurs communes, des confitures.

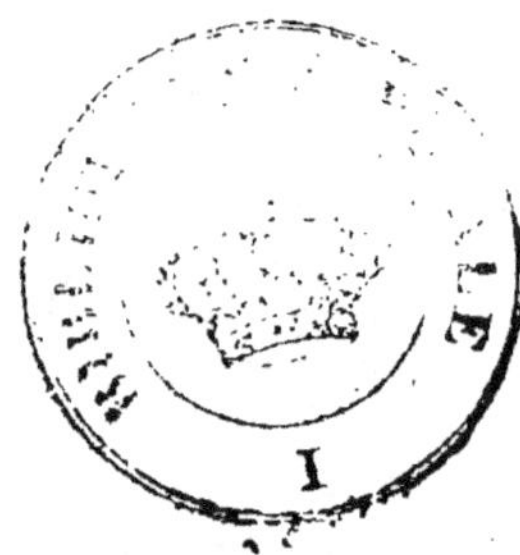

Imprimerie de M⁰. V⁰. DELAGUETTE, rue St.-Merry, n°. 22, à Paris.

Commerce Extérieur d'Angleterre

[illegible]

CALCULS
DE LOTERIES,

Tableau raisonné et figuré

DES PROBABILITÉS RECONNUES DANS L'ORDRE
DU SYSTÈME LOTONOMIQUE (1);

D'OÙ ÉMANENT DES JEUX, À LA PORTÉE DES PLUS PETITES FORTUNES,
QUI ONT FAIT OPÉRER DES BÉNÉFICES CONSIDÉRABLES.

ART inconnu jusqu'ici pour se faire **1** franc de rente par jour avec une somme de **300** fr. — De **10** fr. par jour avec un capital de **3,000** fr. — Et proportionnellement.

OUVRAGE PUBLIÉ EN TREIZE LIVRAISONS IN-4°.

PRIX : 10 FRANCS.

Chez GODARD, *rue de Lappe*, N° 4.

---

(1) Par l'opinion qu'on a des événemens à la loterie, des mystères restent généralement ignorés ; mais quand on en observe attentivement la succession, on remarque quelque chose de singulier, admirable, dans les lois qui y sont observées : on reconnaît que des numéros ont une influence particulière, très-prononcée sur la sortie d'autres numéros ; qu'une réciprocité attractive systématique semble leur donner l'impulsion, des rapports constans. Si ce n'est des preuves appuyées par les faits, durant trente ans, et se continuant sans cesse, on ne pourrait jamais croire à pareilles choses entre des numéros qui ne sont dans le fait que des images, des figures idéales. L'histoire met l'effet en évidence ; la cause reste à expliquer. Ici la physique des corps ne peut rien démontrer ; un pouvoir inconnu dirige la tendance des numéros à s'unir, se lier par préférence*. Ces sortes d'affinités, d'affections sympathiques désignent les annexes qui sortent effectivement ensemble, immédiatement ou médiatement suivant quelques circonstances. Tel est le résultat d'observations scrupuleuses, d'un travail opiniâtre ; et encore qu'il ne puisse dénoter rien de certain, il fait distinguer de grandes et fréquentes probabilités.

(*) Pendant 25 ans, un ambe est sorti 26 fois plus qu'un autre. On comprend que ces connaissances sont indispensables pour spéculer à la Loterie d'une manière prospère.

www.ingramcontent.com/pod-product-compliance
Lightning Source LLC
LaVergne TN
LVHW050435060726
842526LV00007B/2607